JN224542

星空写真家
KAGAYA 月と星座

秋の星座

監修・写真 KAGAYA
文 山下美樹

金の星社

はじめに

夜空は宇宙を見わたす窓のようなものです。
まだまだなぞが多い広大な宇宙は、
たくさんのおどろきに満ちています。
月や星について知ると、
これからの人生の楽しみも増えることでしょう。
夜空はこれからもずっとみなさんの上に
広がっているのですから。
夜空を見上げることは、
とてもかんたんでだれにでもできます。
もし興味を持たれたら、この本を片手に
ぜひ夜空を見上げてみてください。

星空写真家 KAGAYA

ススキと秋の天の川（2024年 岩手県）

もくじ

※写真の（　）内には、撮影年・撮影場所を記しています。

秋の星座

秋に見られる星座には、秋の四辺形をつくるペガスス座とアンドロメダ座、Ｗの形で有名なカシオペヤ座、夏に見られる流星群の名前で知られるペルセウス座などがあります。南の低い空には、秋の星座でただひとつの１等星、みなみのうお座のフォーマルハウトがかがやきます。

のぼる秋の星座（2024 年 長野県）

秋の夜に見える星空

秋の星座をさがすには、南の高い空で4つの星がほぼ真四角にならぶ「秋の四辺形」を目印にするとよいでしょう。ペガスス座とアンドロメダ座の星を結んだ四角形で、空の暗い場所ならかんたんに見つけられます。この四辺形から地平線の方へ視線を下げると、みなみのうお座の1等星フォーマルハウトが見つかります。星座絵では、おなかを上にして水を飲む魚の口の部分にあたります。魚の口へ流れる水をぎゃく向きにたどると、三ツ矢と呼ばれる小さな星のならびが目印の、みずがめ座が見つかります。

星座の起源は約5000年前のメソポタミア。星を結んで神話の英雄や動物をえがいた。実際の空に線や絵はない。

※この全天図や星座絵の星の色は、実際の星の色のちがいを元に、わかりやすく色分けしています。

みずがめ座の東側には、くじら座があります。ほ乳類のくじらではなく、海の怪物のすがたをした星座です。また、四辺形とアンドロメダ座の体のカーブをたどっていくと、怪物のくじらを退治した神話の英雄である、ペルセウス座が見つかります。

星の明るさ

「等級」は、星の明るさを表します。数値が小さいほど明るく、肉眼では6等星まで見えます。等級が1段階上がると約2.5倍明るく、1等星は6等星の約100倍の明るさです。

1等級　2等級　3等級　4等級　5等級　6等級

ペガスス座
こうま座
Pegasus / Equuleus

ペガスス座は、つばさのある天馬のすがたをした星座です。どう体の部分にある星は、秋の四辺形としてほかの星座をさがすときの目印になります。この四辺形からペガススの頭とあしの星が、馬の上半身を形づくるようにならんでいます。１等星はありませんが、まわりに星が少ないので、意外とすぐに見つかります。こうま座は馬の頭の部分の星座で、ペガスス座の鼻先にあります。

湖の上のペガスス座（2016 年 北海道）

巨岩の上にのぼるアンドロメダ座・ペルセウス座（2022 年 青森県）

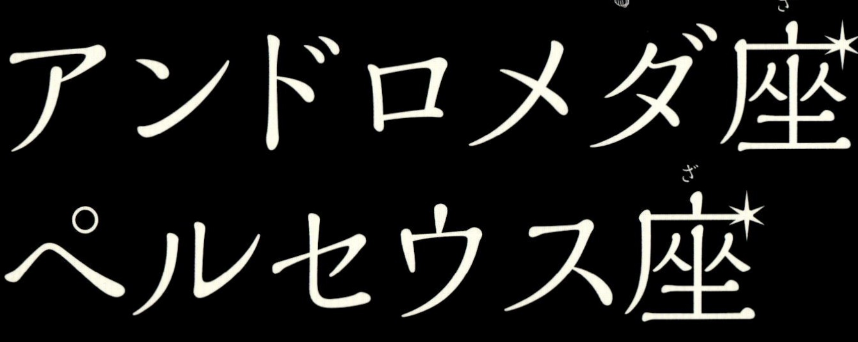

アンドロメダ座 ペルセウス座

Andromeda / Perseus

秋の四辺形の４つの星のうち、一番明るいアルフェラッツが、アンドロメダ座の頭にある星です。この星から、四辺形とはぎゃくの方向に等かんかくに明るい３つの星がならんでいます。３つのうちの２つがアンドロメダ座の体の星、最後の１つがペルセウス座のアルゴルです。アルゴルは、明るさが変わる変光星として有名です。

アンドロメダ銀河 The Andromeda Galaxy

アンドロメダ座の右ひざの上に乗っているような位置にある銀河で、M31とも呼ばれます。とても大きな銀河なので、空が十分に暗いところなら、星とはちがう、ぼうっとした光を肉眼で見ることができます。双眼鏡があれば、M31のまわりをまわるお供の銀河M32とM110も見られます。

近くて遠い となりの大銀河

私たちがいる銀河系（天の川銀河）※のとなりにある大きな銀河です。地球から光の速さ（1秒間で約30万km）で約250万年かかる距離にあり、肉眼で見える中では最も遠い銀河です。じつは、時速約40万kmで銀河系に近づいていて、約40億年後にしょうとつすると考えられています。

※『夏の星座』22ページ参照。

いろいろな銀河

宇宙にはいろいろな種類の銀河があり、銀河系やアンドロメダ銀河は「うずまき銀河」と呼ばれています。うずまき銀河は中心にふくらみがあり、その周囲をうずが取り巻いています。

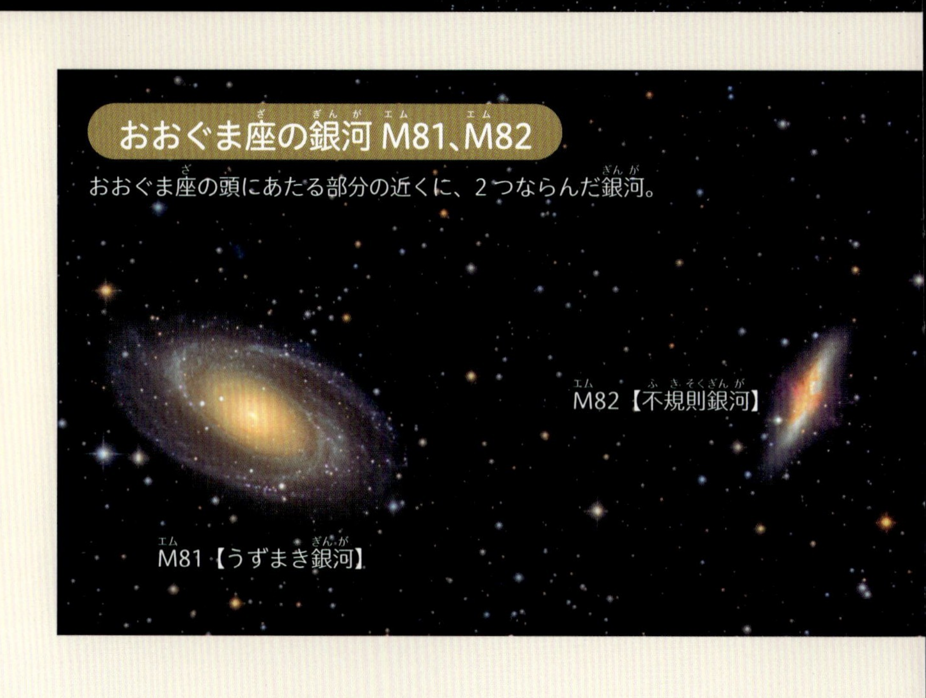

おおぐま座の銀河 M81、M82
おおぐま座の頭にあたる部分の近くに、2つならんだ銀河。

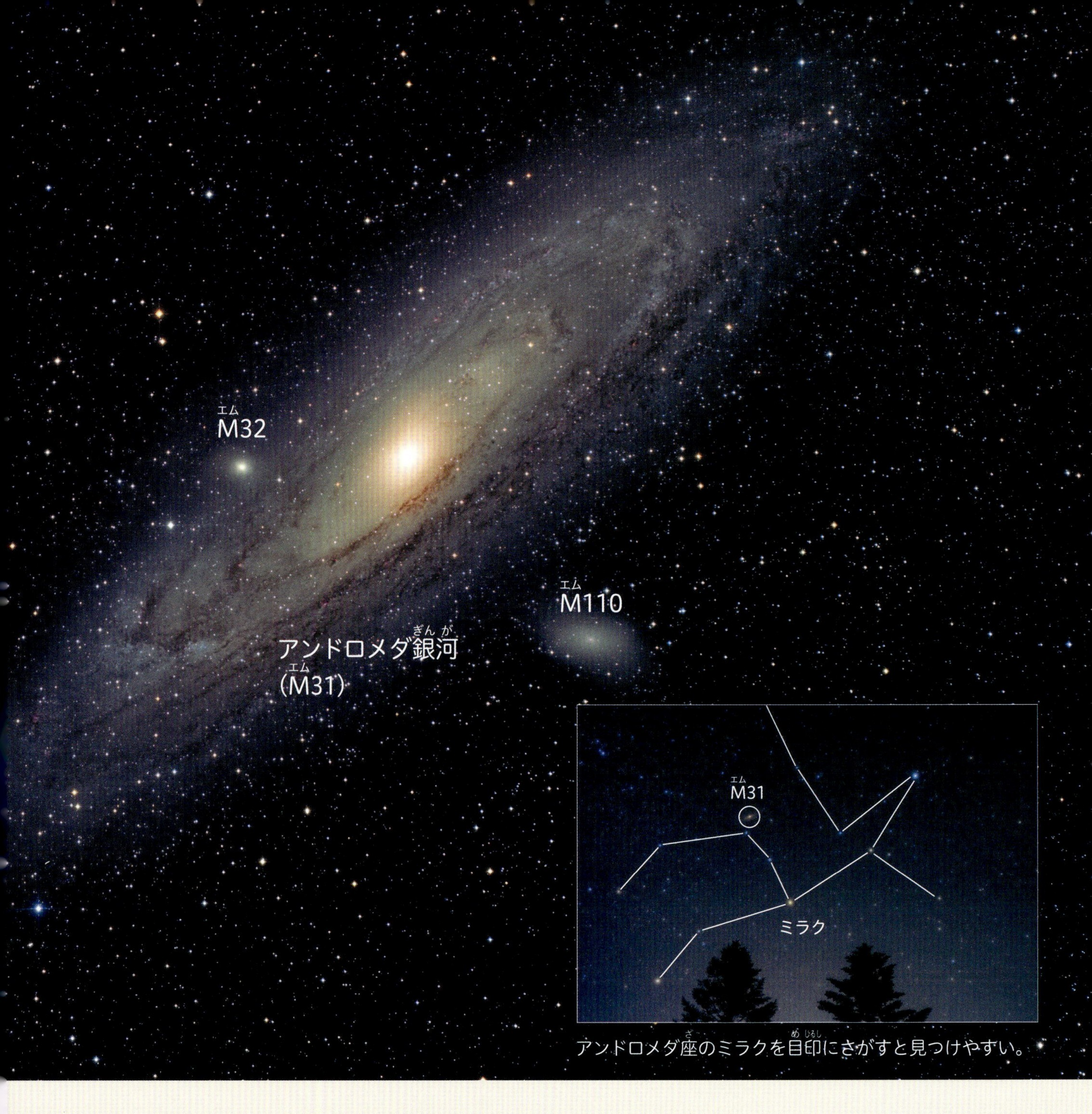

アンドロメダ座のミラクを目印にさがすと見つけやすい。

金山(きんざん)と秋の四辺形(しへんけい)（2022 年 新潟県(にいがたけん)・佐渡島(さどしま)）

秋の四辺形

The Autumn Square

秋の四辺形は、明るい星が少ない秋の空では目立ち、ほかの星座をさがす目印になります。例えばペガスス座の２つの２等星を結び、地平線の方へのばすと、みなみのうお座の１等星フォーマルハウトが見つかります。また、四辺形の中で一番明るいアルフェラッツと３等星アルゲニブを結んだ線をのばすと、くじら座の２等星ディフダが見つかります。

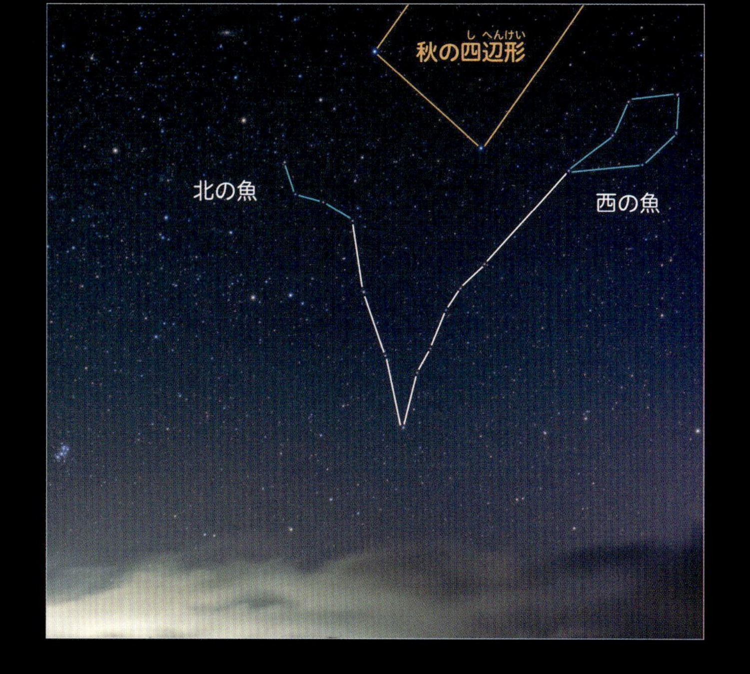

うお座

Pisces

うお座は、秋の四辺形の南東にある星座です。四辺形の南東の星を「く」の字でかこむような形で、「北の魚」と「西の魚」がリボンで結ばれたすがたをしています。とつぜんあらわれた怪物からにげるため、女神と子が魚に変身したすがたが星座になったと伝わっています。

雲の上にうかぶうお座（2024 年 岩手県）

カシオペヤ座とふたご座流星群（2020 年 群馬県）

カシオペヤ座

Cassiopeia

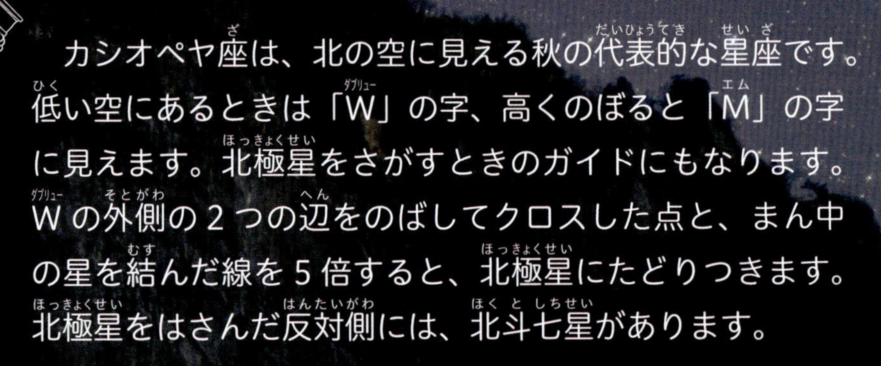

カシオペヤ座は、北の空に見える秋の代表的な星座です。低い空にあるときは「W」の字、高くのぼると「M」の字に見えます。北極星をさがすときのガイドにもなります。Wの外側の2つの辺をのばしてクロスした点と、まん中の星を結んだ線を5倍すると、北極星にたどりつきます。北極星をはさんだ反対側には、北斗七星があります。

立岩の上にかかる天の川とケフェウス座・とかげ座（2022年 京都府）

ケフェウス座
とかげ座 Cepheus / Lacerta

ケフェウス座は、細長い五角形のような形で星がならぶ星座です。ケフェウスはギリシャ神話に登場する王で、王妃がカシオペヤです。星空でもケフェウスはカシオペヤのとなりにならんでいて、明るくはないものの、見つけるのはさほどむずかしくありません。とかげ座は、ケフェウス座の頭の上に８つの星がジグザグにならんだ星座です。空の暗い場所なら見つけられます。

おひつじ座
さんかく座

Aries / Triangulum

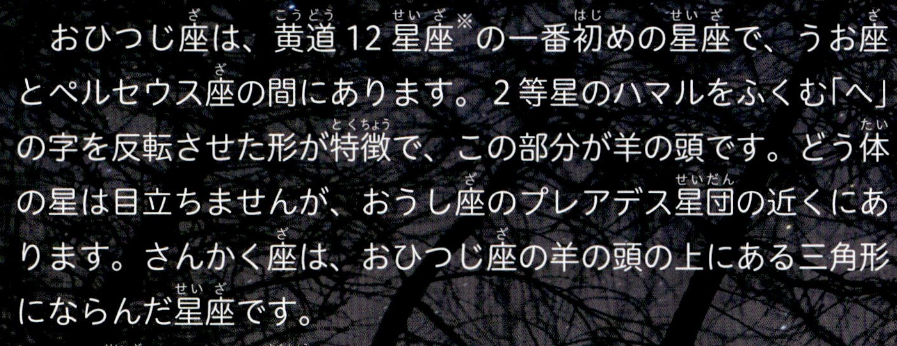

おひつじ座は、黄道12星座※の一番初めの星座で、うお座とペルセウス座の間にあります。２等星のハマルをふくむ「へ」の字を反転させた形が特徴で、この部分が羊の頭です。どう体の星は目立ちませんが、おうし座のプレアデス星団の近くにあります。さんかく座は、おひつじ座の羊の頭の上にある三角形にならんだ星座です。

※『春の星座』30ページ参照。

木立を見下ろすおひつじ座・さんかく座と木星（2023年 北海道）

くじら座

Cetus

くじら座は、全天で4番目に大きな星座です。くじら座で一番明るい星は、2等星のディフダです。ディフダの別名デネブ・カイトスは、くじらの尾という意味です。くじらの心臓の位置には、約330日の周期で明るさが大きく変わる変光星のミラがあります。明るいときは2等でかんたんに見つかりますが、暗いときは10等になります。

浜辺の空にうかぶくじら座と火星（2022 年 千葉県）

みずがめ座・やぎ座の間にはさまれた土星（2022 年 新潟県・佐渡島）

みずがめ座 やぎ座

Aquarius / Capricornus

みずがめ座は、水がめを逆さに持つ王子の星座です。「三ツ矢」と呼ばれる小さな星のならびが目印ですが、空が暗い場所でないと見えません。南の低い空にある１等星フォーマルハウトから上へ、ていねいにたどっていきましょう。フォーマルハウトはみなみのうお座の星ですが、みずがめ座のかめから流れる水の終点でもあります。やぎ座は逆三角の形が特徴です。暗い星ばかりですが、空が暗ければ意外と見つけやすい星座です。

みなみのうお座とつる座（2024年 長野県）

みなみのうお座
つる座 Piscis Austrinus / Grus

みなみのうお座は、おなかを上にした魚のすがたの星座で、みずがめ座の水がめから流れる水を飲んでいると伝えられています。魚の口には、「秋のひとつ星」と呼ばれている、１等星のフォーマルハウトがかがやいています。つる座は、となり合った２等星が目印ですが、地平線に近く見えづらい星座です。

西へしずむ紫金山・アトラス彗星（2024 年 岩手県）
長いダストの尾が肉眼でも見え、日本でも話題となった。

彗星 Comet

彗星は、長い尾を引くすがたが印象的な天体です。太陽系のかなたからやってきて、太陽に近づくにつれて尾がのびていきます。ほうきのようなすがたから、ほうき星とも呼ばれます。ほとんどの彗星は、明け方や夕方のまだ明るさが残る低い空で見えます。そのため、肉眼で尾まで見える彗星はめずらしく、出会えたら幸運です。

夕暮れの空を流れるネオワイズ彗星（2020 年 秋田県）

ネオワイズ彗星（2020 年 秋田県）

彗星のしくみ

彗星は、氷にチリがまじった、よごれた雪玉のような天体です。太陽に近づくと、彗星の「核」が熱せられて表面が少しずつくずれ、ガスやチリをふき出します。ガスは青っぽいイオンの尾になり、太陽から出る電気をおびたガス（太陽風）に流されて太陽と反対方向に細くのびます。チリは白っぽいダストの尾になり、やはり太陽と反対方向にのびますが、やってきた方向にややカーブします。

彗星のふるさとは、海王星の外側に小さな氷の天体が広がる「エッジワース・カイパーベルト」や、無数の氷の天体が太陽系※を卵のカラのように取り巻く「オールトの雲」であると考えられています。

※太陽とそのまわりをまわる天体の集団。

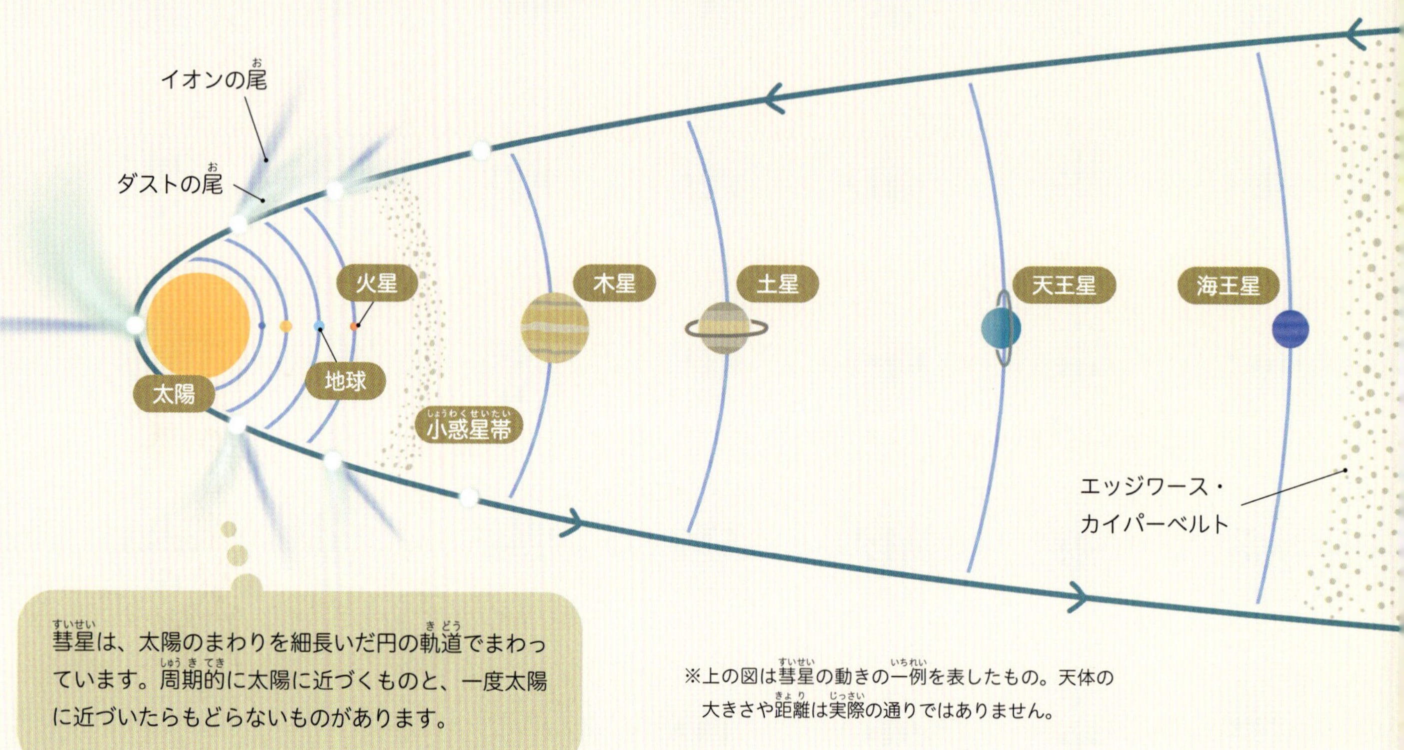

※上の図は彗星の動きの一例を表したもの。天体の大きさや距離は実際の通りではありません。

ヘール・ボップ彗星（1997年 栃木県）
肉眼でも1年以上見え続け「20世紀最大の彗星」と呼ばれた。

これまでに観測された大きな彗星

年	彗星の名前
1965年	池谷・関彗星
1976年	ウェスト彗星
1986年	ハレー彗星
1996年	百武彗星
1997年	ヘール・ボップ彗星
2007年	マックノート彗星
2020年	ネオワイズ彗星
2024年	紫金山・アトラス彗星

人工衛星 Artificial Satellite

人工衛星は、地球のまわりをまわる人工の天体です。通信衛星や地球観測衛星など、さまざまな種類があります。太陽光の反射で光るため、日の出前と日の入り後の数時間が見えやすくなります。肉眼で最も見やすいのはISS（国際宇宙ステーション）で、都市部でも見えます。飛行機のように夜空をゆっくり横切りますが、飛行機は光が点滅するのに対し、人工衛星の光は点滅しません。

ISS（国際宇宙ステーション）

地上から約400km上空に建設された有人宇宙施設。1周約90分のスピードで地球のまわりをまわっている。2030年で運用が終了し、その後は新しい宇宙ステーションが引きつぐ予定。ISSが見える日時は「きぼう予報」で調べられる。
きぼう予報：https://lookup.kibo.space/

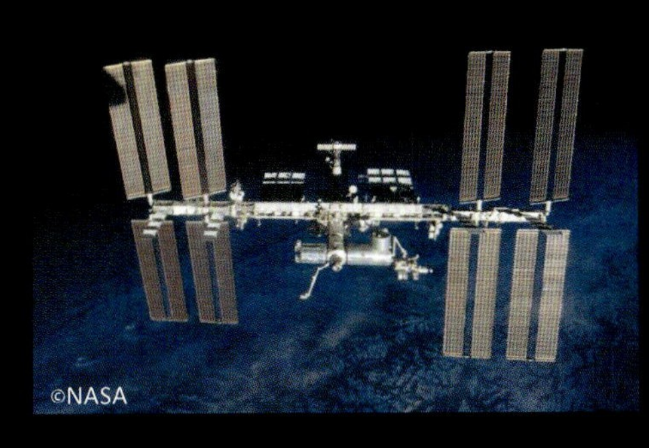
©NASA

イプシロンロケットによるロケット雲（2018年 沖縄県）
白くかがやくロケット雲には、ときどき赤や青がまじることがある。

ISS の光のあと（2022 年 大分県）
6 分間の定点撮影。ISS の通ったあとが 1 本の光の線のように写る。

ロケット Rocket

ロケットは、人工衛星や宇宙飛行士を宇宙へ運ぶための飛行体です。地球の重力をふりきって宇宙へ飛び出すため、大量の燃料を燃やしてガスを一気にふき出して進みます。このガスが上空で冷えて雲となり、太陽光に照らされることで、夜光雲の一種である「ロケット雲」ができることがあります。ロケット雲は、地球上で最も高いところにできる雲です。

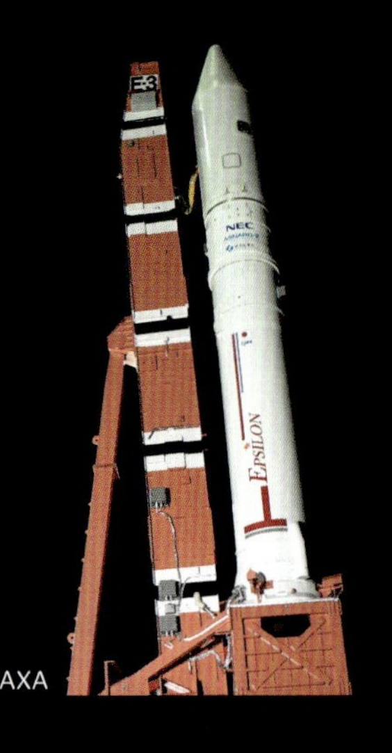

イプシロンロケット
固体燃料を使って飛ぶ日本の小型ロケット。 ©JAXA

ニュージーランドの春の星空と教会（2024 年 ニュージーランド）

南半球の星座

Stars of the Southern Hemisphere

日本が秋の時期、南半球は春です。見どころは、大マゼラン雲・小マゼラン雲と呼ばれる不規則な形の２つの銀河です。りゅうこつ座、とも座、らしんばん座、ほ座はかつて１つの星座で、神話に登場する巨大なアルゴ船を形づくっていました。全天で２番目に明るいりゅうこつ座のカノープスは、南半球では空高くに見えます。

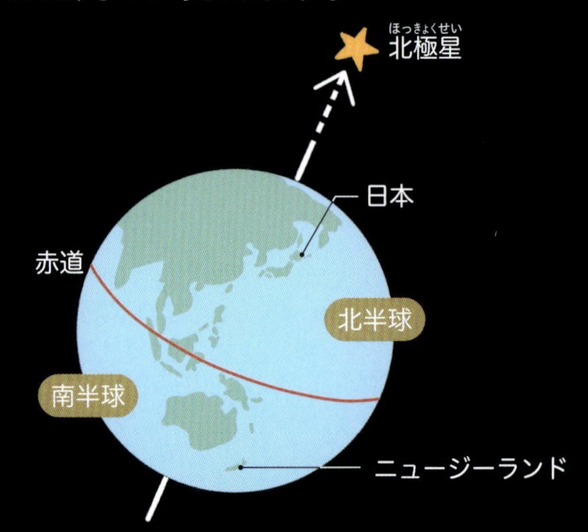

星の撮り方

星空を見ていると、その美しさを写真に残したくなりますね。写真なら、肉眼では見えづらい天体をあざやかに写し出すことができます。まずは基本的な機材で撮影しましょう。

基本の機材はカメラと三脚

星の光を多く取りこめるように、長時間露出（バルブ撮影）ができるカメラを選びましょう。また、撮りたい天体によって適切なレンズがちがうため、レンズ交換式がおすすめです。星を撮るときのレンズは、明るさを表す F 値が 2.8 以下のものにしましょう。星がぶれないように、ぐらつかないじょうぶな三脚も必要です。

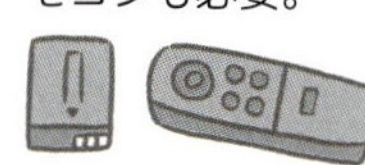

予備のバッテリーやブレ防止のためのリモコンも必要。

複数の星座など広い視野を写す。

星団など星座の一部を拡大して写す。

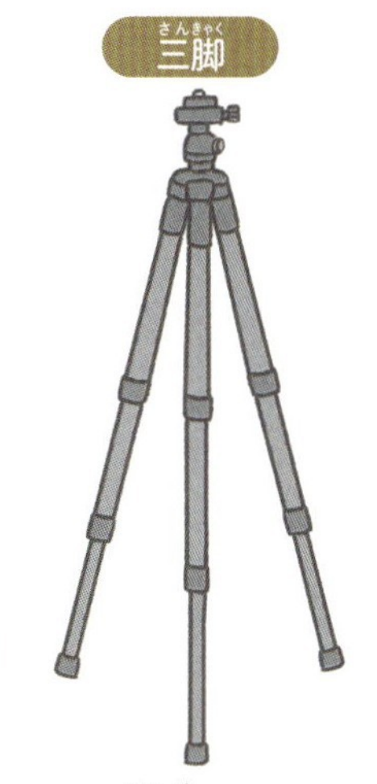

ある程度重さがあり、しっかりしたもの。

明るいうちに下見をする

星といっしょにその土地ならではの風景も写すと、旅のよい思い出になります。撮りたい場所があれば、明るいうちに下見をして、星座の方角や構図の確認をしておきましょう。星がきれいな場所は、夜になるとまっ暗です。危険がないかどうかを確認し、トイレや駐車場の場所なども調べておきましょう。夜に足元を照らすライトは、明るさを調節できるヘッドライトやネックライトがおすすめです。

下見するときのポイント

目当ての天体が見える方角や時刻を確認し、夜の風景のイメージをふくらませましょう。暗くなると思わぬ街灯がつくこともあるので、何か所か候補の場所を見つけておきましょう。

夜はとても暗くなり、まわりのようすは見えづらい。

まずは固定撮影に挑戦

三脚にカメラを固定して星を撮影してみましょう。星を点像で写せるシャッタースピードは15秒程度（広角レンズは30秒程度）です。シャッタースピードが短いと暗い星が写りにくく、長すぎると日周運動で星が線状に写ってしまいます。しぼりは最小値、ピントはマニュアルフォーカスにします。モニターなどを見ながら、星が最も小さな点像になるようにピントを合わせましょう。

シャッタースピード１秒

暗い星は写りにくい。

シャッタースピード15秒

星の像が明るい。

フィルターを使って印象的に撮る

ピントを合わせた星は小さな点のようになり、色まではなかなかわかりません。星を大きく印象的に写すなら、ソフトフィルターを使うとよいでしょう。星の光がにじんだように写り、星や天の川の色を表現できます。ほかには、街明かりの影響を減らせる光害カットフィルターも便利です。

フィルターなし

フィルターを使わないと、肉眼で見た通りに星がシャープに写る。

フィルターあり

フィルターを使うと、肉眼で見るより星が大きく印象的に写る。

PICK UP!

（2018年 北海道）

ソフトフィルターを使って撮影した冬の天の川。

便利な天気予報サイト・アプリ

せっかく暗い場所に行っても、雨やくもりでは星を見ることができません。天気の予測が細かくできるサイトやアプリを利用して、撮影場所の天気をこまめに確認することをおすすめします。晴れ間をさがして移動するのにも便利です。

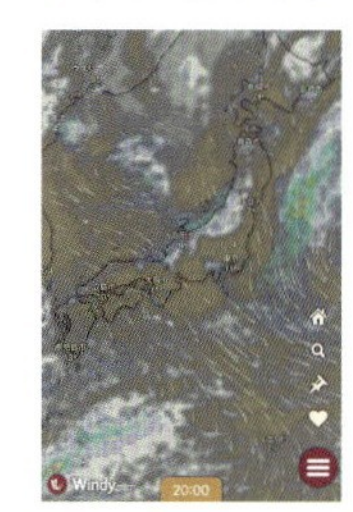
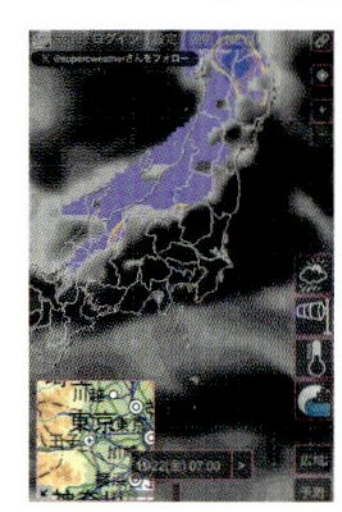

左：Windy（Windy.com）
右：SCW

✶ 監修・写真

星空写真家・プラネタリウム映像クリエイター
KAGAYA（カガヤ）

1968年、埼玉県生まれ。宇宙と神話の世界を描くアーティスト。プラネタリウム番組「銀河鉄道の夜」が全国で上映され観覧者数100万人を超える大ヒット。一方で写真家としても人気を博し、写真集などを多数刊行。星空写真は小学校理科の教科書にも採用される。写真を投稿発表するX（旧Twitter）のフォロワーは90万人を超える。天文普及とアーティストとしての功績をたたえられ、小惑星11949番はkagayayutaka（カガヤユタカ）と命名されている。
X：@ KAGAYA_11949　Instagram：@ kagaya11949

✶ 文　**山下美樹**（やました みき）

1972年、埼玉県生まれ。NTT勤務、IT・天文ライターを経て童話作家となる。幼年童話、科学読み物を中心に執筆している。主な作品に、小学校国語の教科書で紹介された『「はやぶさ」がとどけたタイムカプセル』などの探査機シリーズ（文溪堂）、「かがくのお話」シリーズ（西東社）など。日本児童文芸家協会会員。

全天図・星座絵／KAGAYA　編集／WILL（内野陽子・木島由里子）
図解イラスト／高村あゆみ　DTP／WILL（小林真美・新井麻衣子）
デザイン／鷹觜麻衣子　校正／村井みちよ

表紙写真　表：カシオペヤ座とケフェウス座（2022年 北海道）
　　　　　裏：西へしずむ紫金山・アトラス彗星（2024年 岩手県）
P.1 写真　アンドロメダ銀河（2020年 山形県）

※この本では秋に見やすい星座を紹介していますが、
写真は必ずしも秋に撮影したものとは限りません。

星空写真家 KAGAYA 月と星座
秋の星座

2025年3月　初版発行

監修・写真　KAGAYA
文　山下美樹
編　WILLこども知育研究所

発行所　株式会社金の星社
〒111-0056　東京都台東区小島1-4-3
電話　03-3861-1861（代表）
FAX　03-3861-1507
振替　00100-0-64678
ホームページ　https://www.kinnohoshi.co.jp
印刷　株式会社 広済堂ネクスト
製本　株式会社 難波製本

40ページ　28.7cm　NDC440　ISBN978-4-323-05274-8
乱丁落丁本は、ご面倒ですが小社販売部宛にご送付ください。
送料小社負担にてお取替えいたします。

よりよい本づくりをめざして

お客様のご意見・ご感想をうかがいたく、読者アンケートにご協力ください。

⬅アンケートご記入画面はこちら

星空写真家

KAGAYA 月と星座

全5巻

監修・写真✶KAGAYA

文✶山下美樹　編✶WILLこども知育研究所

A4変型判　40ページ　NDC440（天文学・宇宙科学）　図書館用堅牢製本

月

春の星座

夏の星座

秋の星座

冬の星座

プラネタリウム映像や展覧会を手がけ、X（旧 Twitter）フォロワーは90万人以上の大人気星空写真家KAGAYA による、はじめての天体図鑑。美しく神秘的な写真で数々の天体をめぐり、夜空の楽しみ方をガイドします。巻末コラムでは、撮影で世界を飛び回る KAGAYA に、天体観測や撮影のアドバイスを聞いています。天体学習から広がる楽しみがいっぱいのシリーズ。

星座早見の使い方

星座は方角と角度がわかれば、さがすことができます。
星座早見を使って実際の夜空でさがしてみましょう。

星座早見で星座の位置を知ろう！

星座早見を使うと、いつ・どこに・どんな星座が見えるかをかんたんに調べることができます。使い方を覚えて星座をさがしてみましょう。星座早見は書店やインターネットなどで入手できます。

日付と時刻の目もりを合わせると、その日時に見える星座が中央の窓にあらわれる。

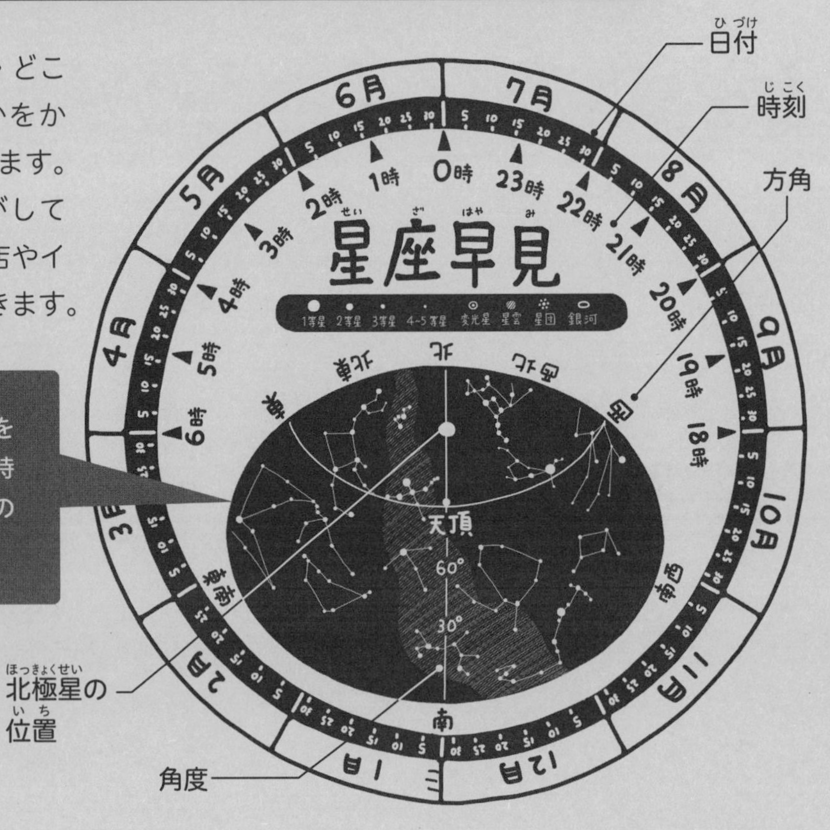

※月・惑星の位置は、星座早見にかかれていません。調べるときは、国立天文台のホームページやスマートフォンの星座アプリなどを使いましょう。

日付と時刻を合わせる

回転盤をまわして、日付の目もりと時刻の目もりを、観察する日時に合わせる。

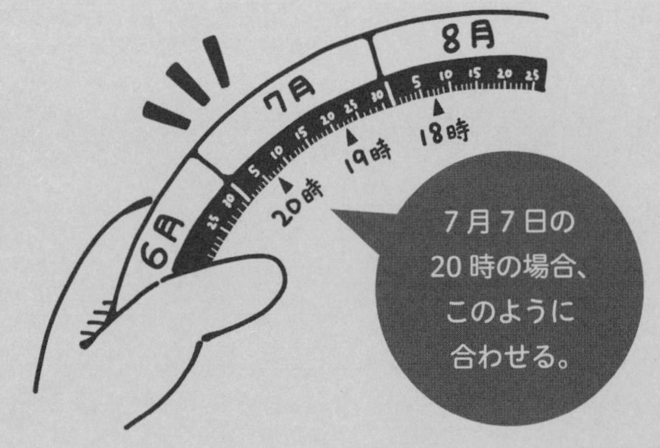